BEI GRIN MACHT SICH IHR WISSEN BEZAHLT

- Wir veröffentlichen Ihre Hausarbeit, Bachelor- und Masterarbeit

- Ihr eigenes eBook und Buch - weltweit in allen wichtigen Shops

- Verdienen Sie an jedem Verkauf

Jetzt bei www.GRIN.com hochladen und kostenlos publizieren

Nina Schweizer

Suggestopädischer Unterrichtseinstieg. Mit Musik in die Geografiestunde

GRIN Verlag

Bibliografische Information der Deutschen Nationalbibliothek:

Die Deutsche Bibliothek verzeichnet diese Publikation in der Deutschen National-
bibliografie; detaillierte bibliografische Daten sind im Internet über http://dnb.d-
nb.de/ abrufbar.

Impressum:

Copyright © 2015 GRIN Verlag GmbH
Druck und Bindung: Books on Demand GmbH, Norderstedt Germany
ISBN: 978-3-656-97812-1

Dieses Buch bei GRIN:

http://www.grin.com/de/e-book/300906/suggestopaedischer-unterrichtseinstieg-
mit-musik-in-die-geografiestunde

Suggestopädischer Einstieg in die Geografie

Aktionsforschung an einem Basler Gymnasium
im Rahmen des Reflexionsseminars der FHNW

Oktober 2014 - April 2015
2. und 3. Klassenstufe

Mai 2015

Nina Schweizer

Inhaltsverzeichnis

1 Einleitung

Der Unterrichtseinstieg ist entscheidend für den Verlauf einer Lektion und für den Lernerfolg der Klasse. Trotzdem schreiben ihm viele Lehrpersonen wenig Bedeutung zu und fangen den Unterricht wie gewohnt mit Organisation und Vermittlung von Lerninhalten an. Von den Lernenden wird erwartet, dass sie den mentalen und emotionalen Sprung von der Pausenwelt in die Unterrichtswelt machen. Dabei haben sie sich vorher gerade in ein anderes Fach eingearbeitet. Es erstaunt daher kaum, dass Lerninhalte oftmals nur kurz im Gedächtnis bleiben, selbst wenn sie von den Lernenden verstanden und geübt wurden. Die abrupten Wechsel im Rhythmus der Schulglocke unterbrechen nicht nur Unterrichtsgespräche und Pausenaktivitäten sondern auch die mentale und emotionale Welt der Lernenden. Dies kostet Energie, weil es oft als störend wahrgenommen wird. Genervte und andere negative Gefühle sind ungeeignet für den Lernprozess, da die innere Bereitschaft zum Lernen nur ungenügend vorhanden ist. Lernende nehmen die Lektion nur selektiv auf und können neue Inhalte weniger gut verstehen und speichern. Ein durch die Lehrperson bewusster organisierter Unterrichtseinstieg, welcher auf kognitiver und affektiver Ebene ansetzt, dürfte also zur Nachhaltigkeit einer gelernten Lektion beitragen.

Diese Gedanken haben mich im Oktober dazu bewogen, die damit verbundenen Fragen im Aktionsforschungsprojekt des Reflexionsseminars der Pädagogischen Hochschule (FHNW) zu beantworten. Die Beobachtungen erfolgten im Zeitraum zwischen Oktober 2014 und April 2015 statt. Geforscht wurde in einer zweiten und einer dritten Klasse eines Basler Gymnasiums.

Aus den anfangs notierten Gedanken wurden grundsätzlich drei Ziele abgeleitet, welche als Grundlage für die Aktionsforschung dienen sollten:

1) Der Unterrichtseinstieg soll sanfter und bestenfalls gar nicht bemerkt werden.

2) In den Geounterricht zu gehen soll mit positiven Gefühlen verbunden werden.

3) Die Klasse soll am Anfang auch auf affektiver Ebene für das Unterrichtsthema aktiviert werden damit das Lernen nachhaltiger wird.

Diese drei Ziele wollte ich erreichen indem jeweils vor Beginn der Lektion im Klassenzimmer Musik abgespielt wird. Dabei soll es sich meist um ein Lied handeln, welches mit dem Unterrichtsthema zusammenhängt oder geokulturell einfach zu verorten ist (Weltmusik). Die Lernenden sind während dieser Zeit mit Ankommen, Auspacken oder anderen Pausenaktivitäten beschäftigt, werden aber bereits auf die Musik und allenfalls das dazu begleitende Video aufmerksam. Wenn die Musik zu Ende ist, beginnt die Lehrperson mit dem eigentlichen Unterricht.

Die Auswertung findet aus zwei Perspektiven statt: Einerseits aus meiner und andererseits auch aus Sicht zweier anderer Lehrpersonen, welche das Forschungsprojekt ein Tag mitbeobachtet haben. Andererseits werden alle Lernenden einen Fragebogen als Rückmeldung zum Projekt ausfüllen.

In einem ersten Kapitel werden bestehende theoretische Ansätze zum Unterrichtseinstieg, zur Wirkung von Musik sowie zum ganzheitlichen Lernen bearbeitet. Daraufhin soll dieses mit der eigenen Methode im konzeptionellen Kapitel verknüpft werden. Im selben Kapitel gehe ich auch detaillierter auf die Vorgehensweise während der Aktionsforschung ein. Das darauffolgende Kapitel stellt die eigentliche Auswertung bestehend aus Beobachtungen seitens Lehrpersonen und Rückmeldungen der Klassen. Die Liste der Unterrichtsthemen und -lieder ist im Anhang zu finden.

2 Theoretische Einbettung

Diese Aktionsforschung fokussiert auf drei Bereiche, zu welchen theoretische Grundlagen bestehen: Unterrichtseinstieg, ganzheitliches Lernen und die Wirkung von Musik. Die folgenden drei Unterkapitel sollen das Thema theoretisch in die jeweilig bestehende Literatur einbetten.

2.1 Unterrichtseinstieg

Entgegen dem persönlichen Eindruck aus der Praxis, findet man das Thema Unterrichtseinstieg in zahlreichen pädagogischen Fachtexten. Monika und Jochen Grell teilen sogar den Anfangsbereich der Lektion in Phasen auf. In der ersten unternimmt die Lehrperson etwas für die emotionale[1] Basis und sorgt für eine lockere Stimmung. Dies kann sie beispielsweise durch das Erzählen der eigenen Einstellung zum Unterrichtsthema tun. In der zweiten Phase folgt der informierende Unterrichtseinstieg, welcher eine Übersicht über den Ablauf der Lektion und die Ziele gibt. Auf diese Weise können die Lernenden sich auf das Wesentliche konzentrieren und behalten das Ziel im Auge (GRELL, M. & J. 1991: 104-116). Nach Grell und Grell erfolgt der Unterrichtseinstieg also auf zwei Ebenen, einer emotionalen und einer kognitiven.
Eine vollständige Übersicht über verschiedene Einstiegmöglichkeiten liefert das Buch von Hilbert Meyer „Unterrichtsmethoden II - Praxisband". Meyer nähert sich dem Thema auf zwei Ebenen an, einer theoretischen und einer praktischen. Auf theoretischer Ebene beschreibt er den Unterricht als „unmittelbare und mittelbare Hilfe des Lehrers, die Schüler für das Thema und das Thema für die Schüler zu erschliessen (MEYER, H. 2010: 123). Darin fasst er verschiedene Teilaspekte zusammen wie beispielsweise die Neugier der Schüler wecken, die Aufmerksamkeit auf das Thema lenken, Die Vorkenntnisse in Erinnerung rufen, etc. Auf praktischer Ebene schreibt Meyer: „Unterrichtseinstiege dienen der Formierung der Sinne und der Stillstellung der Schüler-Körper. Sie haben sowohl eine Erschliessungs- als auch eine Disziplinierungsfunktion." (MEYER, H. 2010: 128). Danach folgt die eigentliche kategorische Übersicht über die verschiedenen Einstiege. Wie bei Grell und Grell ist auch der *informierende Einstieg* vorzufinden.

---

[1] Emotion wird nach Schmidt-Atzert als Zustand definiert, der durch subjektives Erleben, Ausdrucksverhalten und körperliche Veränderungen charakterisiert ist. (SCHMIDT-ATZERT, L. IN: BEHNE, K.E. (Hrsg) (1982): 27)

Er ist zusammen mit der *Hausaufgabenkontrolle* und der *übenden Wiederholung* in der Kategorie „Lehrerzentrierte Einstiege" zu finden. Die anderen Kategorien „sinnlich-anschauliche Einstiege", „Problemorientierte Einstiege" und „schülerorientierte Einstiege" deuten darauf hin, dass Meyer verstärkt auf den Zugang auf affektiver und persönlicher Ebene zu plädieren scheint (MEYER, H. 2010: 137 – 149). Bei den problemorientierten Einstiegen führt er Beispiele auf wie die Konstruktion eines Widerspruchs oder die Präsentation eines Rätsels, um die Neugier der Lernenden auf genau diesen Ebenen zu wecken.

Da ein guter Unterrichtseinstieg nicht nur von der Einstiegsmethode sondern auch von der Art der Klasse sowie vom Thema und seiner Eignung für ausgewählte Einstiegsformen abhängt, hat Meyer fünf didaktische Kriterien für den guten Unterrichtseinstieg erarbeitet (MEYER, H. 2010: 129-134):

1. Sicherung: „Der Einstieg soll den Schülern einen Orientierungsrahmen vermitteln"
2. Themenbezug: „Der Einstieg soll in zentrale Aspekte des neuen Themas einführen"
3. Lebensweltbezug: „Der Einstieg soll an das Vorverständnis der Schüler anknüpfen"
4. Neugier und Arbeitshaltung: „Der Einstieg soll die Schüler disziplinieren". Der Einstieg soll die Neugier der Schüler wecken und eine „sachbezogene Arbeitshaltung" auslösen.
5. Handlungsbezogenheit: „Der Einstieg soll den Schülern möglichst oft einen handelnden Umgang mit dem Thema erlauben"

Diese fünf Qualitätskriterien fassen kognitive und affektive Zugänge zusammen und zeigen, dass beim Unterrichtseinstieg beiden Bedeutung beigemessen werden soll was auch Grell und Grell betonen. Ein rein informierender Einstieg und damit ein rein kognitiver Zugang reichen nicht, um die Lernenden mit Kopf und Herz in die Lektion starten zu lassen.

Auch die Autoren Johannes Greving und Liane Paradies erkennen dies in ihrem Buch zum Thema Unterrichtseinstieg. Neben Geschichtenerzählung, Lehrervortrag, Provokation und assoziativen Gesprächsformen listen sie auch die Verästelung und Verfremdung auf, wie sie bereits bei Meyer unter dem Begriff des „problemorientierten Einstiegs" vorzufinden ist (GREVING, J.; PARADIES, L. 2011: 23-42). Im problemorientierten Einstieg sowohl von Meyer als auch von Greving und Paradies geht es um einen Überraschungseffekt. Über das Schaffen einer „Überraschungsdistanz" wird eine andere Perspektive und Wahrnehmung möglich.

Der Historiker und Geschichtsdidaktiker Gerhard Schneider betont ebenfalls die Bedeutung der Erweiterung von Unterrichtseinstiegen über den rein kognitiven Zugangsweg hinaus. Einstiege sollen immer auch Gefühle und Stimmungen, Werthaltungen, Voreinstellungen und Vorurteile der Lernenden ansprechen und berücksichtigen. Die Auseinandersetzung der Lernenden mit einem Thema kann über die Neugier zur Entstehung intrinsischer Motivation beitragen (SCHNEIDER, G. 2008: 24).

Die Erläuterung all dieser Unterrichtseinstiege zeigt, dass ein guter Unterrichtseinstieg mehrere Kriterien erfüllen muss und sich optimalerweise auf zwei Ebenen ansiedeln lässt: auf der rein kognitiven sowie auf der affektiven/persönlichen Ebene.

2.2 Ganzheitliches Lernen[2]

Das Konzept „ganzheitliches Lernen" ist am besten mit einem Rückblick auf die Antike zu erklären. In der Antike und insbesondere vor der Einführung der Schrift galt es, ganze Werke auswendig zu lernen, wobei das rhythmische Rezitieren dabei half. Der Mensch lernte im sogenannten „homerischen Zustand", einem poetischen und intuitiven Zustand des Geistes. Das heisst, der Lernzustand war rezeptiv und der Mensch nahm am Lernprozess mit dem ganzen Wesen teil. Mit Einführung der Schrift und im Verlaufe der Zeit kam es zu einer Spaltung, in welcher die objektive Ebene von der künstlerisch und musischen Ebene getrennt wurde. Seither nimmt der Mensch nicht mehr mit seinem ganzen Wesen am Lernprozess teil sondern existiert als denkendes Wesen separat vom Objekt oder der Natur (Lerninhalt). So fordert das Lernen im heutigen Erziehungssystem klar Rationalismus, wobei andere Aspekte und Fähigkeiten des Menschen wie z.B. Affekte, Intuition und Vorstellungsvermögen in den Hintergrund geraten. Auf neurophysiologischer Ebene ist diese Trennung in unserem Gehirn erkennbar. Während die linke Gehirnhälfte für das analytische Denken und die Sprache verantwortlich ist (kognitive Ebene), schreibt man der rechten Gehirnhälfte das räumliche Bewusstsein sowie musikalische und künstlerische Fähigkeiten zu (affektive/persönliche Ebene). Die beiden Gehirnhälften sind über das „Corpus callosum" verbunden. Dieses grosse Faserbündel ermöglicht die interhemisphärische Kommunikation, also diejenige zwischen den beiden Gehirnhälften. In Speicherungsvorgängen im Langzeitgedächtnis sind beide Gehirnhälften involviert, weswegen eine interhemisphärische Kommunikation für nachhaltiges Lernen dringend notwendig ist. Wenn das Gedächtnis nur verbal wäre, würde ausschliesslich die linke Gehirnhälfte dabei eine Rolle spielen.
Die Suggestopädin Elizabeth Philipov nimmt an, dass die rechte Gehirnhälfte bei der Speicherung paralinguistischer (nicht-verbaler) Information von Bedeutung ist. In diesem Zusammenhang hebt sie aber auch hervor, dass ganzheitliches Lernen nicht nur physiologisch determinierte Phänomene betrachten sollte, sondern auch andere Bewusstseinsphänomene wie die geistige Dimension, das Gemüt, der Verstand und die Imagination des Menschen. Dies setzt eine Verknüpfung beider Gehirnhälften voraus, was der Einsatz von Musik scheinbar auf besonders wirkungsvolle Weise erreicht (MILDENBERGER, F. 2011).
Vertreter des ganzheitlichen Lernens sind überzeugt, dass mit diesem Ansatz der Lernprozess beschleunigt werden kann, ohne dass der Leistungsdruck zunehmen muss. Der Schlüssel liegt im *modus operandi*, das heisst, in der Darbietung des Lernmaterials, welche die Lernfähigkeit durch die Einbeziehung möglichst vieler Sinneskanäle aktivieren soll: Gefühle, Kognition, Wahrnehmung, Motorik, Sozialerfahrungen, Sprache, etc (KLICPERA, R. 2005: 30). Zu den möglichen Unterrichtsverfahren gehört der Einsatz von Musik, ein bedeutender Teil des sogenannten suggestopädischen Ansatzes, welcher im nächsten Abschnitt erläutert werden soll.

---

[2] Gestützt auf PHILIPOV, E. in: BOCHOW, P; WAGNER, H. 1986: Superlearning, S. 13-18

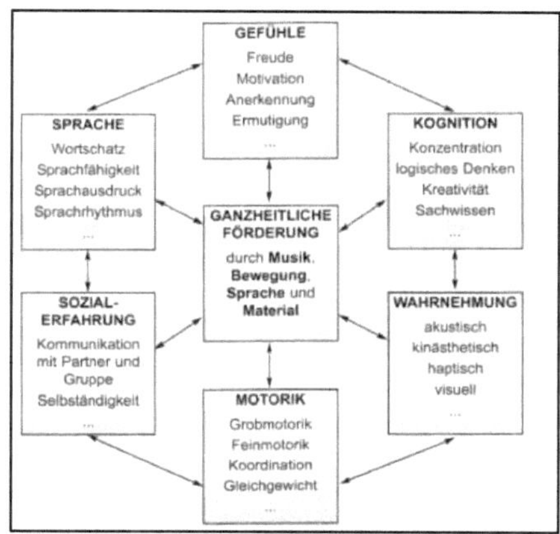

Abb. 2: Ganzheitliches Lernen geht über den Einbezug möglichst vieler Sinneskanäle.
Quelle: KLICPERA, R. 2005: 30.

2.3   Suggestopädie und die Wirkung von Musik

Der suggestopädische Ansatz. Der suggestopädische Ansatz im Unterricht bedeutet in erster Linie eins: Lernen im entspannten Zustand. Diese Methode verspricht eine Verbindung der psychologischen und physiologischen Ebene, was eine Erweiterung der Speicherkapazität des Langzeitgedächtnisses bewirkt (PHILIPOV, E. in: BOCHOW, P; WAGNER, H. 1986: 18). Dies hängt in erster Linie damit zusammen, dass Musik die linke und die rechte Gehirnhälfte zu verknüpfen vermag, weil Melodien eher in der linken verarbeitet werden und Rhythmus eher in der rechten. Musik zu hören fördert daher die Leistung des Langzeitgedächtnisses (MILDENBERGER, F. 2011).

Die bekannteste Umsetzung des suggestopädischen Ansatzes ist der Einsatz von Musik im Unterricht. Die Suggestopädin Philipov und der Psychologe Lozanov teilen den Unterricht in kognitive, rezeptive und aktive Phase ein und setzen Musik in der mittleren, also rezeptiven Phase ein. Untersuchungen haben ergeben, dass die Musik in dieser Phase Ermüdungserscheinungen vorbeugt, der Aneignung des Lernmaterials hilft und der Erzeugung eines prophylaktischen Effekts verhilft. Letzteres bedeutet, dass die Lernenden eine positive Grundhaltung beibehalten, wodurch ihnen die Lernzeit kürzer vorkommt. Ein weiteres bedeutendes Resultat der Untersuchungen aus dem Jahr 1977 war, dass das subjektive Wohlbefinden der Lernenden grösser war als vorher (PHILIPOV, E. in: BOCHOW, P; WAGNER, H. 1986: 18). Die deutsche Autorin und Lehrerin Birgit Bröhm-Offermann hat diese Methode im eigenen Unterricht während zwei Monaten erprobt und eine deutliche Verbesserung der Einstellungen der Lernenden erreicht. Einzelgespräche mit den Lernenden haben ergeben, dass Konzentrationsschwierigkeiten, Lernblockaden, falsche Selbsteinschätzungen und innere Unruhe mit dem Einsatz von Musik grösstenteils abgebaut werden können (MATEJKA, J. 2010: 51).

Das Ziel von Bröhm-Offermann war, die Lernenden in einen Zustand zu versetzen, in welchem das Lernpotential am größtmöglichsten ist, was dem rezeptiven Zustand nach Philpov und Lozanov entspricht. Dafür verwendete sie den Begriff des Alpha-Zustandes (BRÖHM-OFFERMANN, B. 1989: 10). Bröhm-Offermann definiert Suggestopädie folgendermassen:

> „[Suggestopädie] ist die Benutzung der unbewussten Lernkanäle und ihre
> Verflechtung mit den bereits bekannten visuellen, auditiven, haptischen
> Lernkanälen, aber anders als bisher: entstresst, spielerisch, kindhaft neu-
> gierig, kreativ. Suggestiv ist alles, was die Aufnahme und Verankerung von
> Information und Lernstoffen durch Intuition, Gefühl, Phantasie fördert."
> BRÖHM-OFFERMANN, B. 1989: 10

Mit dieser Definition sagt sie aus, dass auch andere Methoden und damit auch solche, welche sich nur auf die Einstiegsphase des Unterrichts konzentrieren, als suggestiv im Sinne der Suggestopädie gelten können.

Die Wirkung von Musik (im Unterricht)

Im Folgenden soll der Fokus verstärkt auf die Musik und ihre Wirkung beim Lernen gelegt werden. Bröhm-Offermann sieht in der Musik im Zusammenhang mit ihrem lernpsychologischen Verständnis folgende Bedeutung:

> „Die Musik ist ein bedeutungsvolles Element, um eine angenehme,
> suggestive Atmosphäre zu erzeugen. Sie vermag psychische Barrieren
> überwinden zu helfen oder deren Wirkung zu reduzieren. Sie spricht
> sowohl den logischen Verstand als auch die schöpferisch/emotionale
> Seite an und trägt wesentlich zur künstlerischen Gestaltung des Unter-
> richtsprozesses bei. Sie befriedigt emotional-logische Ansprüche der
> Persönlichkeit. Beide Systeme, Sprache und Musik, beeinflussen sich
> in der Suggestopädie gegenseitig. Die Musik unterstützt den Prozess
> des Sich-Entspannens, der gekennzeichnet ist von körperlicher und
> mentaler Ruhe, hoher Konzentration und intensiver Gehirntätigkeit –
> d.h. entspannt und dennoch hellwach!"
> BRÖHM-OFFERMANN, B. 1989: 23

Dieser Abschnitt zeigt, dass der suggestopädische Ansatz über das traditionelle Verständnis hinaus auch anders eingesetzt werden kann, z.B. nur beim Unterrichtseinstieg. Interessant ist nun, über welche Funktionen die Musik auf die Lernendne und allgemein auf den Menschen wirken kann.

In der Emotionspsychologie kann Musik zwei aus der Alltagserfahrung bekannte Funktionen einneh-men. Einerseits kann sie Emotionen auslösen, andererseits kann sie zur Vermittlung von Emotionen dienen (SCHMIDT-ATZERT, L. 1982: 38).

Wenn zuvor neutrale Musik mit einer angenehmen oder unangenehmen Situation verknüpft wird, führt dies dazu, dass dieselbe Musik später als angenehmen oder unangenehm empfunden wird (Schmidt-Atzert, L. 1982: 39). Gemäss dem Musikpsychologen Stefan Koelsch kann Musik über sieben Wege Emotionen hervorrufen:

1. Einfach bewerten. Die positiven oder negativen Emotionen entstehen durch einfache Bewertungsprozesse. Beispielsweise wird Musik als angenehm empfunden, wenn sie dabei hilft, ein Ziel zu erreichen. Das heisst, die zuvor „neutrale" Musik wird mit einem Wert geladen.
2. Musik steckt emotional an. Fröhliche Musik kann Lächeln auslösen, oft unbewusst. Änderung der Gesichtsmuskulatur und Wandlung der Gefühle hängen eng zusammen.
3. Erinnerte Gefühle. Musik kann an Situationen erinnern, welche mit bestimmten Emotionen zusammenhängen.
4. Erwartungen. Das Gehirn erstellt ständig Vorhersagen und Erwartungen darüber, wie die Musik wahrscheinlich weitergehen wird. Eine Musik, die als auflösend i.S. von den Erwartungen entsprechend wahrgenommen wird, ist entspannend und angenehm.
5. Musik macht erfinderisch. Musik lädt ein mitzusingen, zu pfeifen oder zu tanzen. Diese Art der Reaktion ist selbst auch eine Erfindung von Musik.
6. Sinnsuche. Das Gehirn sucht ständig nach Sinn. Wenn Botschaften, Bedeutungen oder Emotionen einer Musik verstanden werden, werden mit dieser Musik positive Emotionen verbunden.
7. Musik schafft Gemeinschaft. Wenn Musik zu Gemeinschaft zwischen Menschen führt, entstehen schnell Erlebnisse und damit verbundene Emotionen.

Koelsch, S. 2015: http://www.tk.de/tk/musik-und-gesundheit/lesereihe-musik/stefan-koelsch/457332

Musik ermöglicht also einen vielfältigen Zugang zur affektiven Ebene des Menschen in einem Zeitalter, in welchem das Schulsystem vor allem kognitive Leistungen verlangt.

3   Konzeption und Methodik

In der theoretischen Einbettung wurde ersichtlich, dass Unterrichtsmethoden und damit auch Unterrichtseinstiege nicht nur auf kognitiver, sondern auch auf affektiver Ebene möglich sind. Bei der Erläuterung des ganzheitlichen Lernens wurde zudem deutlich, dass erfolgreiches Lernen auf neurologischer Ebene betrachtet ein Zusammenspiel von physiologisch und nicht-physiologisch determinierten Phänomenen erfordert. Auf diese Weise wird eine neue Information durch das Zusammenarbeiten von beiden Gehirnhälften verarbeitet und gespeichert und die Lektion nachhaltiger gelernt. Nachhaltiger heisst hier nicht nur, dass der Lerninhalt länger gespeichert wird. Es bedeutet auch, dass der Lerninhalt im lernenden Mensch tiefgründiger greift weil er rezeptiv ist und –ähnlich dem Lernparadigma der Antike- sich dem Lerninhalt mit dem ganzen Wesen nähert.

Die dieser Aktionsforschung grundlegende Idee besteht darin, vor Anfang jeder Doppellektion in Geografie ein Lied mit oder ohne Video laufen zu lassen, welches sich thematisch auf den Lektioneninhalt bezieht.

Die Musik dient also nicht nur als **Einstieg** sondern auch als **Übergang** von der Pause in die Lektion. Gemäss Bröhm-Offermann kann Musik an verschiedenen Stellen im Unterricht eingesetzt werden. Während für die rezeptiven Phasen der traditionellen suggestopädischen Methode klassische oder romantische Musik empfohlen wird, werden für den Einstieg in den Unterricht keine Vorgaben gemacht (BRÖHM-OFFERMANN, B. 1989: 23). Grundlagen für die Wahl der Musik waren vor allem folgende Kriterien, wobei nicht in jedem Fall alle erfüllt waren.

- Thematischer Bezug zur Geografielektion
- Aktualität und Bezug zur Altersstufe der Klasse
- Geeignetes Video
- Nicht zu unruhige oder laute Musik

Dazu ein paar Beispiele auf der folgenden Seite:

Thema	Lied	Zusammenhang zum Inhalt der Geografielektion
Erdbeben, Seebeben und Tsunamis	Carminho – A Bia da Mouraria (Fado)	Im Musikvideo spaziert die Fadosängerin durch die Gassen des Viertels Alfama, welches das grosse Erdbeben von 1755 überlebt hat, weil es auf einem festen Felsen steht. Es ist heute das älteste Viertel von Lissabon und eine touristisch bedeutende Sehenswürdigkeit der Stadt. Dazu passend repräsentiert der Fado die oft schmerzhafte Sehnsucht nach vergangenen Zeiten.
Strukturwandel in den USA am Beispiel Detroit	Eminem feat. Dido – Stan	Detroit und die Industrieregion um die grossen Seen haben im 20.Jh. einen Strukturwandel durchgemacht. Die haufenweise vorhandenen industriellen Ruinen haben der Region dem Beinamen „Rustbelt" gegeben. Das verkommene Ambiente war gegen Ende des 20.Jh. auch der ideale Ort für das Aufkommen der Rapperszene mit Eminem als einem der bekanntesten Vertreter. Sein Film „8 Mile" trägt zudem den Namen einer Strasse, welche heute sinnbildlich für die städtebauliche Segregation grob unterteilt zwischen Armenvierteln im Zentrum und wohlhabenden (oft weissen) Suburbs.
Mineralogie, Diamanten, Entstehung und Eigenschaften	Miriam Makeba – Pata pata	Ein berühmtes Lied der südafrikanischen Sängerin Miriam Makeba zum Einstieg ins Thema Diamanten. Südafrika ist eines der diamantenreichsten Staaten der Welt.
Blutdiamanten, Rohstofffluch	Rihanna – Diamonds	In der Lektion wurde die Mineralogie in einen humangeografischen Kontext gesetzt und der Handel mit Diamanten in den Vordergrund geholt. Viele Exportländer sind zwar reich an Diamanten, sonst aber arm (Rohstofffluch). In einem Artikel wird das berühmte Topmodel Naomi Campbell zitiert, wie sie vom angeklagten liberianischen Ex-Präsidenten und Kriegsverbrecher Charles Taylor ein „Beutel schmutziger Steine" gekriegt hätte. Im Video von Rihanna werden Diamanten als geschliffenes, sauberes und beliebtes Luxusprodukt präsentiert „shine bright like a Diamond" und „like diamonds in the sky" kontrastieren den Inhalt der Lektion und sollen zum Denken anregen.
Prüfungslektion	Louis Armstrong – Whistle while you work	Die Musikwahl bezog sich vor der Prüfungslektion nicht auf das geografische Thema sondern auf das Schreiben der Prüfung selbst.

Im Folgenden soll auf die konkrete Vorgehensweise beim Einsatz der Methode eingegangen werden:

- **Zeitpunkt:** Die Musik soll **vor** Anfang der Lektion zu hören sein, idealerweise so, dass sie kurz nach dem offiziellen Beginn der Lektion beendet ist. Die Idee dahinter ist, den Lernenden das mentale Ankommen im Schulzimmer und im entsprechenden Fach sanfter zu gestalten, das heisst, den Übergang von Pause zu Lektion weniger abrupt erscheinen zu lassen. Das Läuten der Schulglocke gerät in den Hintergrund.

- **Thematischer Bezug:** Der thematische Bezug stellt bereits beim Ankommen im Schulzimmer einen mentalen Link zwischen den Lernenden und dem Fach aber auch zwischen der Klasse und der Lehrperson auf affektiver Ebene her. Bestenfalls kann der Unterricht direkt an das Lied anknüpfen und den Übergang von Pause zu Lektion fliessend und unbemerkt machen.

- **Ritual:** Die Idee ist es, vor jeder Doppellektion in Geografie Musik laufen zu lassen, damit eine Art Ritual entsteht und die Lernenden sich daran gewöhnen, dass wenn die Musik zu Ende ist, die Lektion beginnt. Dies wird dadurch erleichtert, dass die Schülergespräche aufgrund des leiser werdenden Hintergrundgeräusches automatisch auch leiser werden und/oder sogar ein Ende finden.

- **Video:** Wenn immer möglich und passend soll zum Lied auch das entsprechende Musikvideo gezeigt werden. Die Absicht dahinter ist, dass die Lernenden nach vorne schauen und auf diese Weise auch visuell vom geografischen Thema abgeholt werden. Wenn die Lektion anfängt, sind so bereits alle Blicke nach vorne gerichtet. Da so nicht nur der auditive sondern auch der visuelle Kanal aktiviert wird, erscheint der thematische Bezug auf affektiver Ebene intensiver.

Für die Aktionsforschung wurde abwechselnd mit und ohne Video gearbeitet, mit und ohne direkten thematischen Übergang. Die Beobachtungen aus den jeweiligen Lektionen sollen kurz schriftlich dokumentiert werden.

Zeitraum und Klassen. Die Aktionsforschung wurde im Zeitraum von Oktober 2014 bis April 2015 in einer zweiten und einer dritten Klasse eines Basler Gymnasiums im Fach Geografie durchgeführt. Die zweite Klasse setzt sich aus 19 Schülerinnen und zwei Schülern im Alter von 15-17 Jahren zusammen. Bei der dritten Klasse handelte es sich um eine Kleinklasse mit 4 Schülerinnen und 9 Schülern im Alter von 16-17 Jahren.

Auswertungsmethodik. Als Grundlage für die Auswertung dienten eigene Beobachtungen und diejenigen von zwei Mitstudenten, welche einen solchen musikalischen Einstieg im März 2015 beobachten durften. Die Beobachtungen stützten sich auf folgende Leitfragen:

- Ist die Klasse nach Ende der Musik unruhig? Muss zuerst gewartet werden, bis der Unterricht begonnen werden kann? Erlaubt die Musik einen reibungslosen Übergang in den Inhalt der Lektion?
- Scheinen Lernende fröhlich während die Musik läuft? Singen oder tanzen sie mit? Sind die Gesichtsausdrücke freudig?
- Wird der Musik überhaupt Beachtung geschenkt? Wird die Musik zum Gesprächsthema der Lernenden?

Schmidt-Atzert hat in seiner Studie die Gesichtsausdrücke der Lernenden gefilmt und die Wirkung von Musik analysiert. Dies wäre zur Beurteilung der Methode hilfreich, würde allerdings den Rahmen dieser Aktionsforschungsarbeit übersteigen. Die beste Art, die Wirkung der Musik auf die Lernenden zu erfassen besteht gemäss demselben Autor nur die Möglichkeit, die Versuchspersonen selbst zu befragen (SCHMIDT-ATZERT, L. 1982: 40). Ergänzend zu den Beobachtungen der Lehrpersonen, wurden daher beide Klassen mit einem Fragebogen befragt. Die Auswertung der Beobachtungen und Fragebogen erfolgt im nächsten Kapitel.

4 Auswertung

Die Auswertung besteht aus zwei Teilen:
- Analyse mittels eigener Beobachtungen (ergänzt mit Beobachtungen zweier anderer Lehrpersonen)
- Analyse mittels Fragebogen, welcher durch die Lernenden der beiden Klassen ausgefüllt wurde.

4.1 Analyse der Beobachtungen: Indikatoren und Einflussfaktoren

Die Durchführung der Aktionsforschung hat rasch erste Beobachtungen ermöglicht. In einigen Fällen verlief der Übergang von der Musik zum Unterricht reibungslos und die Lernenden schienen gar nicht bemerkt zu haben, dass die Pause vorüber war und sie sich gedanklich schon inmitten des Geografiethemas befanden. In anderen Lektionen schien die Musik gar keine Wirkung zu zeigen und die Aufmerksamkeit musste für den Einstieg ins Thema erstmals gewonnen werden. In den meisten Fällen lag die Wirkung der Musik aus eigener Beobachtungsperspektive zwischen beiden Extremen. Während in den ersten Monaten die Wirkung deutlicher erkennbar war, wurde dies mit der Zeit immer diffuser. Die Methode schien bei den Lernenden besonders in den letzten Lektionen des Forschungshalbjahrs den Überraschungseffekt verloren bzw. an Gewöhnungseffekt gewonnen zu haben. Dies dürfte bei der zweiten Klasse aber auch daran liegen, dass dazwischen ein Themenwechsel in der Geografie stattgefunden hat. Während in der ersten Hälfte des Forschungszeitraums das Thema USA und damit eine konkrete Weltregion eine gute Grundlage für die Musikwahl bot, wurde die Auswahl beim Thema Klima und Wetter sowie beim Thema Mensch-Umwelt-Beziehung etwas schwieriger, weswegen die Wirkung möglicherweise abgeschwächt wurde. Diese Gedanken und der

Rückblick auf den Verlauf des Projekts liessen mir bewusst werden, dass sehr viele Faktoren mit unterschiedlich starken Effekten einen Einfluss haben könnten. Zuletzt dürften auch externe Faktoren wie die bereits bestehende Stimmung in der Klasse und in den einzelnen Gruppen ausschlaggebend für die Wirkung der Musik gewesen sein, womit der Einsatz dieser Methode immer auch zu einem Teil zufallsbedingt ist. Wie im theoretischen Teil erläutert, wirkt die Musik über verschiedene Funktionen, wobei darunter auch die persönlichen Erinnerungen und Vorlieben gehören. Auch dieser Einflussfaktor zeigt deutlich, wie bei diesem Forschungsprojekt ein bestimmter Teil der Wirkung immer dem Zufall überlassen ist. Im Gegensatz zur geografisch konkreten Grundlage (USA) für die Musikwahl, war der Unterricht in der 3.Klasse geprägt von physiogeografischen Themen, welche nicht einem einziger Region zugeordnet werden können. Ob dies der Grund ist für den beobachteten Eindruck, dass das Projekt in der 2.Klasse besser ankam als in der 3.Klasse, ist schwierig zu sagen. Es ist möglich, dass auch hier wieder ein Zufallsfaktor eine Rolle spiel, nämlich die Tatsache, dass die Klasse 3.Klasse im Allgemeinen ruhiger und weniger vernetzt wahrgenommen werden. Es ist auch möglich, dass der Unterschied zwischen obligatorischer Schulzeit (bis 2.Klasse) und freiwilliger Schulzeit (ab 3.Klasse) eine Rolle spielt. Die 3.Klässler fühlen sich erwachsener und reifer als die 2.Klässler, als wäre mehr als nur ein Jahr dazwischen. Es ist möglich, dass sie das Abspielen von Musik auch eher beschämend wahrnehmen.

Trotz dieser Beobachtungen und zufälligen Einflussfaktoren kann davon ausgegangen werden, dass ein Ziel praktisch immer erreicht wurde, nämlich dasjenige der Lockerung der Stimmung und der Optimierung der Atmosphäre. Selbst wenn die Lernenden ein Lied nicht kannten oder ihnen der Stil nicht sehr zusagte, schien aus den Beobachtungen der Übergang in die Lektion und in das Geografiethema angenehmer und sanfter als ohne die Musik. Ausschlaggebend dafür ist vermutlich auch die Gruppendynamik. Wenn ein Teil der Lernenden die Musik geniesst und Freude ausstrahlt, kann dies den Rest der Klasse anstecken.

Ein sehr positiver Effekt des Projekts war der Eindruck, dass die abgespielte Musik am Anfang jeder Doppellektion nicht nur den Weg zur Geografie ebnete sondern auch die Beziehungsgrundlage Lehrperson – Schüler herstellte. Besonders wenn es sich um Songs handelte, zu welchen die Lernenden selbst viel Bezug hatten, nahm ich eine Haltung seitens Klasse wahr, die von viel Offenheit und Neugier zeugte.

Im Folgenden sollen Faktoren aufgezählt werden, welche auf Grundlage der Beobachtungen als positiv einwirkend bzw. negativ einwirkend eingestuft wurden.

Positiv wirkende Faktoren:
- Der Bezug der Musik zum geografischen Thema war eindeutig
- Die Musik hatte einen Bezug zur Altersstufe der Klasse (Aktualität / Trend)
- Die Musik spricht einen Grossteil der Klasse an und nicht nur Einzelne
- Allgemeine Befindlichkeit der Lernenden. Externe Einflüsse wie durch vorhergehende Lektionen, Pause, Privatsphäre, etc. tragen zu gruppendynamischen Verhaltensweisen („Ansteckungsfaktor") bei.
- Die Musik übte einen Überraschungseffekt auf die Klasse aus
- Das Video zur Musik war bei den Lernenden bekannt oder lockte ihr Interesse an

Negativ wirkende Faktoren:

- Über die Monate ebnete der Überraschungseffekt der Methode ab. Gegen Ende der Aktionsforschung, im Frühling 2015, beobachtete ich vermehrt wie die Lernenden im Pausenmodus (schwatzend, nicht an ihren Plätzen) blieben, solange die Musik lief.
- Prüfungslektionen waren im Allgemeinen angespannt von Anfang an. Die Musik geriet in den Hintergrund weil die Lernenden konzentriert waren und die Prüfung hinter sich bringen wollten.
- Abrupter Abbruch von längeren Musikbeiträgen ohne Fadeout (Beobachtungen durch Lehrpersonen zu Besuch: Damiana Gehrig / Daniel Rhyner).

Diese auf den Beobachtungen basierenden Erkenntnisse werden im Kapitel „Schlussfolgerungen und Selbstreflexion" wieder aufgenommen.

4.2 Analyse der Rückmeldungen aus der Klasse

Um die Analyse dieser Aktionsforschung differenzierter und aussagekräftiger zu machen, wurden die Lernenden der beiden beforschten Klassen befragt. Nach der Erklärung des Projekts wurden die anwesenden Lernenden gebeten, den Fragebogen für sich alleine auszufüllen. Es wurde betont, dass es auch ein Resultat ist, wenn sich jemand nicht an Themen resp. Lieder erinnert. Zudem wurde klar gesagt, dass die Antworten auf dem Fragebogen nichts mit Noten zu tun haben, damit die Resultate nicht verfälscht werden. Der Fragebogen (Anhang) bestand aus einem Teil mit Multiple-Choice-Fragen, einer Tabelle mit erinnerten Liedern und Themen sowie drei offenen Fragen.

Bewertung des Projekts und seiner Wirkungsweise

Im Folgenden sollen die Resultate der Multiple-Choice-Fragen in einem Netzdiagramm dargestellt werden.

Multiple Choice Bewertung des Aktionsforschungsprojekts

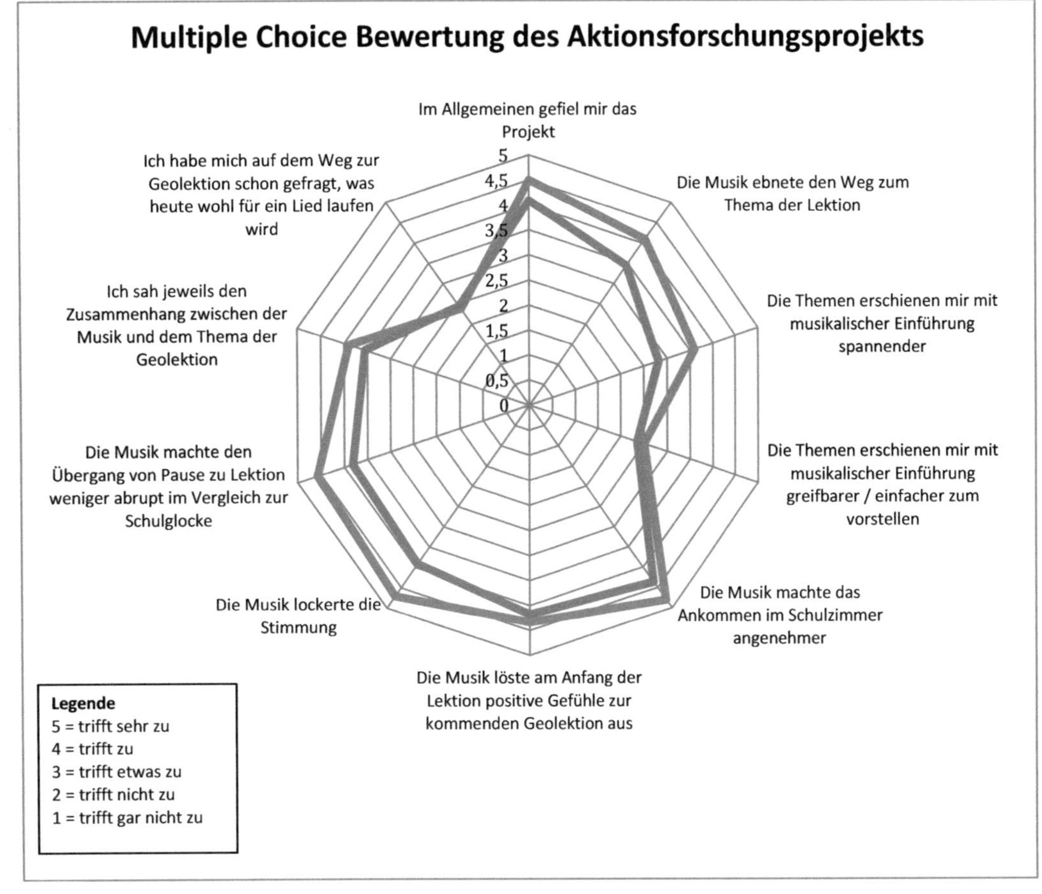

Das Netzdiagramm zeigt, wie stark die Lernenden aus den beiden Klassen den jeweiligen Punkten zugestimmt haben. Auf den ersten Blick fällt auf, dass die Diagrammkurve in beiden Klassen dieselbe Gestalt annimmt. Das bedeutet, dass die Lernenden aus beiden Klassen die einzelnen Aussagen im Verhältnis zueinander gleich bewertet haben. Die Klasse 3.Klasse hat das Projekt grundsätzlich weniger positiv gewertet als die Klasse 2.Klasse. Dieses Resultat stimmt mit den eigenen Beobachtungen von vorhin überein.

Die Punkte mit der stärksten Zustimmung (zwischen „trifft zu" und „trifft sehr zu" bzw. zwischen Wert 4 und 5 im Diagramm) waren:

- Im Allgemeinen gefiel mir das Projekt
- Die Musik ebnete den Weg zum Thema der Lektion
- Die Musik machte das Ankommen im Schulzimmer angenehmer
- Die Musik löste am Anfang der Lektion positive Gefühle zur kommenden Geolektion aus
- Die Musik lockerte die Stimmung
- Die Musik machte den Übergang von Pause zu Lektion weniger abrupt im Vergleich zur Schulglocke

Diese hohen Werte zeigen, dass mit dieser Methode beim Grossteil der Lernenden eine geeignete Grundlage sowohl auf kognitiver als auch auf affektiver Ebene für den Unterricht geschaffen werden konnte. Die Lernenden stimmten zu, dass der Weg zum Thema auf diese Weise geebnet wurde und sie mithilfe der Musik positive Gefühle zur Geografielektion entwickelt konnten.

Dass die Lernenden grundsätzlich den Bezug zur Geografielektion erkannten und die Musik aus ihrer Sicht den Weg zum Thema ebnete, ist für diese Methode als sehr positiv zu werten. Das Netzdiagramm zeigt auch, wie weitreichend die Methode ist, wenn es darum geht, den Lernenden bestimmte geografische Themen näher zu bringen. Die Lernenden stimmten nämlich auch zu, dass ihnen die Themen mithilfe der Musik spannender und greifbarer/vorstellbarer erschienen, allerdings nicht mit eindeutigem Resultat (zwischen „trifft etwas zu" und „trifft zu"). Anhand der notierten Beispiele und beigefügten Kommentaren auf den Fragebogen lässt sich dieses Resultat damit erklären, dass einige Lieder einfach stärker wirkten und/oder den Bezug zum Thema deutlicher zeigten.

Der Option „Ich habe mich auf dem Weg zur Geolektion schon gefragt, was heute wohl für ein Lied laufen würde.", wurde am wenigsten stark zugestimmt. Der Wert kommt zwischen „trifft nicht zu" und „trifft etwas zu" zu liegen. Diese Option zeigt noch etwas feiner, wie weit die Methode bei den Lernenden wirkte. Es erstaunte bei der Auswertung aber nicht, dass dieser Punkt im Vergleich zu den anderen den tiefsten Wert erreichte. Dieses Resultat ist auch als positiv zu werten, denn es war nicht Ziel der Einstiegsmethode, dass die Lernenden schon vor Ankunft im Schulzimmer gedanklich eingenommen werden.

Gleichzeitig zeigt aber die Tatsache, dass der Wert nicht eindeutig bei 1 ist, dass es tatsächlich Lernende gab, welche sich die Frage auf dem Weg zum Unterricht stellten und damit eine Art Vorfreude entwickelt haben.

Erinnerte Songs und Geografiethemen. Unter dem Block mit Multiple-Choice-Fragen konnten die Lernenden Lieder und Themen eintragen, an welche sie sich noch erinnern. Für die Auswertung wurde die Erwähnung des Lieds, welches am selben Tag der Umfrage lief, nicht mit einbezogen. Praktisch alle Lernenden erinnerten sich mindestens an ein Lied in Kombination mit einem behandelten Geografiethemen. Die maximal aufgelistete Zahl an Liedern und Themen überstieg aber nicht vier, was nach den positiven Resultaten des Multiple-Choice-Blocks auf den ersten Blick erstaunte. Auf die Gründe, weswegen die Lernenden vermuteten, sich gerade an diese Lieder und Themen zu erinnern, kamen verschiedene Gründe, welche zur Auswertung in drei Kategorien eingeteilt werden konnten. Die folgende Grafik (Abb. 4) zeigt die Resultate für die Klasse 2.Klasse sowie die Klasse 3.Klasse.

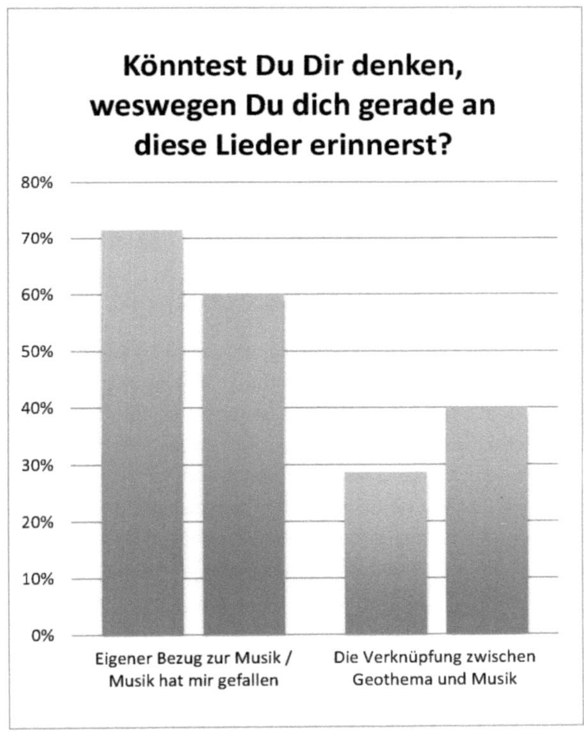

Abb. 4: Gründe für die Erinnerung an bestimmte Lieder und Themen
Blau: 2.Klasse (total 28 genannte Gründe) / Rot: 3.Klasse (n = 15)
Quelle: eigene Erhebung, April/Mai 2015

Die Balken zeigen deutlich, dass der Bezug der Lernenden zur Musik ausschlaggebend ist, um den Effekt der Musik am Anfang der Lektion zu maximieren, das heisst, den drei anfänglich gestellten Zielen des Projekts am nächsten zu kommen: sanfter Übergang von der Pause, positive Gefühle in Assoziation mit der Geografielektion sowie affektive Anknüpfung der Geografiethemen.

Musik zu wählen, welche einen Bezug zum Geografiethema hat und gleichzeitig zum Alter der Lernenden zählt somit zu den Herausforderungen dieser Einstiegsmethode. Einige haben die Idee notiert, die Lehrperson solle die Lernenden nach möglichen Songs fragen. Weitere Verbesserugnsvorschläge werden weiter unten aufgeführt.

Die am meisten erinnerten Songs. In der Klasse 2.Klasse waren die mit Abstand am meisten erinnerten Lieder diejenigen von Michael Jackson „Black (Thema Blacks in the USA) und Eminem (Thema Strukturwandel in Detroit). In der 3.Klasse waren es Stress (Thema Nachhaltigkeit) und Rihanna (Thema Diamantenhandel). Dies bedeutet wahrscheinlich, dass Lieder von berühmten Sängern aufgrund des Bekanntheitsgrades besser gemerkt werden können.

Bei der Auswertung dieser offenen Frage fiel mir auf, dass bei einigen Themen keine konkreten Songs liefen sondern einfach ein Musikstil, z.B. Countrymusic zum Thema Viehwirtschaft in den Great Plains. Dass diese Musik nicht als konkreter Song zu benennen ist, könnte dazu beigetragen haben, dass sie weniger erinnert wurde. Es kam oft vor, dass ich keine konkreten Lieder sondern einfach eine Art Musik laufen liess, welche gedanklich und auf Gefühlsebene in diese Weltgegend oder Geografiethematik einführen soll.

In anderen Fällen liefen zwar konkret benennbare Lieder, aber die Lernenden konnten sie nicht benennen und beschrieben sie geografisch wie beispielsweise ein Schüler der 3.Klasse: „Schweizerdeutsche Musik – Entstehungsgeschichte der Alpen", „Afrikanische Musik – Rohstofffluch", „nepalesische Musik – Erdbeben in Nepal". Diese Art der Erinnerung dürfte darauf hindeuten, wie der Schüler beides miteinander verknüpft hat.

Frage nach der Weiterführung des Projekts. Die zweite offene Frage lautete „Findest Du es sinnvoll, dieses Projekt weiterzuführen? Begründe.". Ohne Ausnahme stimmten alle Lernenden der beiden Klasse zu. Alle Lernenden sehen einen Sinn in der Weiterführung des Projekts. Die verschiedenen Gründe sind aus dem nachstehenden Balkendiagramm zu erkennen (Abb. 5).

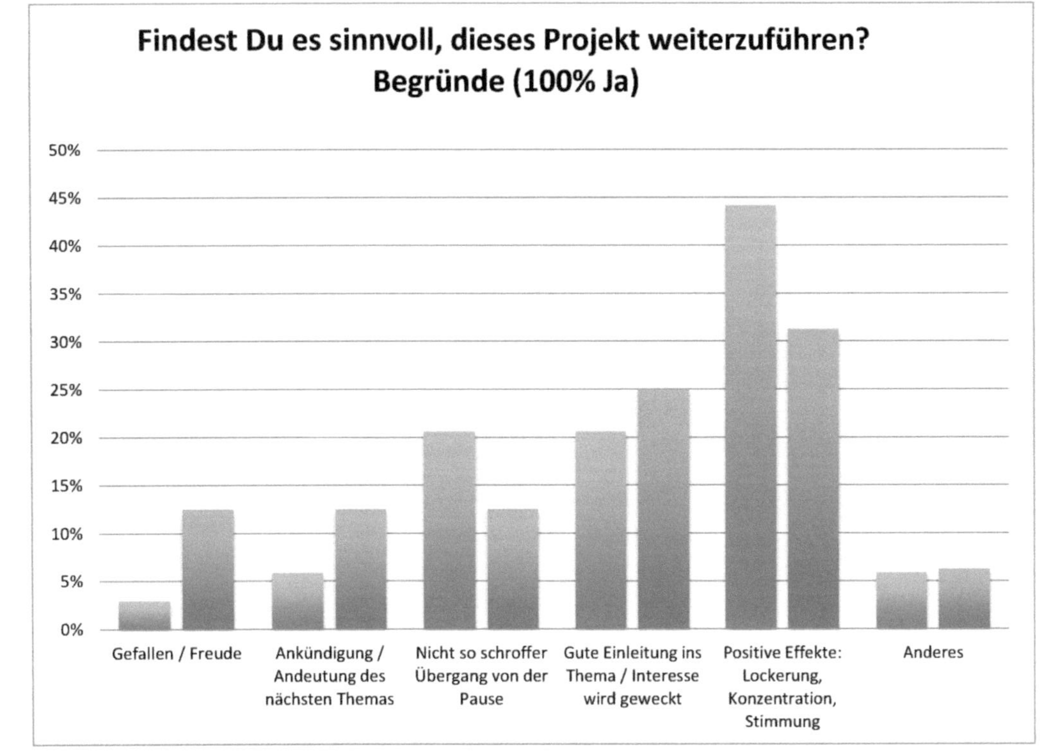

Abb. 5: Antworten auf die zweite offene Frage, Quelle: eigene Erhebung, April/Mai 2015
Blau: 2.Klasse (total 34 genannte Gründe) / Rot: 3.Klasse (n = 16)

Die genannten Gründe zeigen deutlich den Sinn, welchen die Lernenden hinter dem Projekt sehen. Die Wirkung auf die Stimmung und die Konzentration schnitt mit den höchsten Werten ab. Ebenfalls von Bedeutung scheint die Ebnung des Wegs zum Lektionsthema. Die Musik zum Anfang weckte das Interesse vieler Lernender. Unter der Kategorie „Anderes" wurden Einzelnennungen wie „abwechslungsreich", „Abwechslung zu anderen Lektionen", „angenehmes festes Ritual" zusammengefasst. Gerade der letzte Grund zum Thema Ritual erschien mir besonders interessant. Ich denke, viele Lernende schätzen den ritualhaften Charakter des Projekts, haben es aber nicht in Worte gefasst.

Verbesserungsvorschläge der Lernenden. Die letzte Frage richtete sich nach Verbesserungsvorschlägen der Lernenden an das Projekt. Die Resultate sind in folgender Liste aufgeführt:

1. Die Lehrperson sollte die Lernenden fragen, ob diese passende Lieder zu den Themen kennen
2. Die Lehrperson sollte das Lied immer thematisieren: die Musiker und Songtitel erwähnen und den Bezug zum Geografiethema explizit herstellen.
3. Die Lehrperson soll am Anfang der Doppellektion Band/Musiker – Songtitel jeweils an die Tafel notieren.
4. Es soll nicht einfach typische Musik der jeweiligen Region abgespielt werden. Die Songs sollen einen konkreten Bezug zum Thema der Lektion haben.
5. Es sollen mehr aktuelle und berühmte Lieder abgespielt werden.
6. Die Musik soll mit vorne eingeblendeter Landesflagge abgespielt werden, dann lernt man auch die Flaggen und Namen der Länder.

Quelle: eigene Erhebung, April/Mai 2015

5 Selbstreflexion und Schlussfolgerungen

Das Aktionsforschungsprojekt hat mir sehr gut gefallen, zumal ich auf Grundlage meiner Interessen und bestehender theoretischer Ansätze eine eigene Methode entwerfen konnte und an eigenen Klassen forschen durfte. Die Durchführung des Projekts war sehr lehrreich und hinterliess bei mir Schlussfolgerungen, welche mir für meine künftige Tätigkeit als Lehrperson bestimmt weiterhin nützlich sein werden.

Betrachtet man die anfangs im Einleitungskapitel formulierten Ziele, so kann behauptet werden, dass die Methode erfolgreich einzustufen ist:

- Der Unterrichtseinstieg soll sanfter und bestenfalls gar nicht bemerkt werden: eigene Beobachtungen und die Rückmeldungen der Lernenden haben gezeigt, dass dieser Punkt von Bedeutung ist.

- In den Geounterricht zu gehen soll mit positiven Gefühlen verbunden werden: Die Rückmeldungen der Lernenden haben diesbezüglich einen stark zustimmenden Wert ergeben (trifft zu – trifft sehr zu).

- Die Klasse soll am Anfang auch auf affektiver Ebene für das Unterrichtsthema aktiviert werden damit das Lernen nachhaltiger wird: auch dieses Ziel wurde grundsätzlich erreicht, allerdings aufgrund der Antwortwerte nicht sehr deutlich.

Die Auswertung, das heisst die Abgleichung der eigenen Beobachtungen mit den Rückmeldungen der Lernenden hat gezeigt, dass die Methode sehr gut funktioniert, wenn einige Punkte beachtet werden. Die folgenden möchte ich für eine zukünftige Anwendung der Methode berücksichtigen:

- Wenn immer der Zusammenhang der Musik mit dem Geografiethema nicht eindeutig ist, muss er mündlich angesprochen werden. Das Notieren von Songinterpreten und Songtiteln an die Wandtafel kann stützend wirken und ein explizites Erwähnen des Zusammenhangs erübrigen.

- Damit die Methode auch als Einstiegshilfe für die Lehrperson hilfreich ist (Ritual: die Klasse ist ruhig, wenn das Lied zu Ende ist), müssen die Lernenden in dieses Projekt eingeweiht werden. Sie müssen sich bereit erklären, diese Regel anzunehmen und sollen wählen dürfen, ob sie mit dem Projekt einverstanden sind. Auf diese Weise wird die Klasse verstärkt in die Verantwortung für den Erfolg der Methode gezogen.

- Der Zugang zur persönlichen und affektiven Ebene erfolgt schneller, wenn die Musik der Altersgruppe entspricht und beim Grossteil der Klasse bekannt ist. Die Wirkung wird aber auch erreicht, wenn das Lied ein Thema darstellt, welches aktuell ist und in welchen die Klasse einen Sinn/Zwecke im Rahmen des Geografieunterrichts erkennt.

- Längere Lieder, welche zum Einstieg in den Unterricht vorzeitig abgebrochen werden müssen, sollten unbedingt mit einem „Fadeout" leiser gedreht werden, da sonst der Abbruch als störend und unangenehm empfunden wird.

- Es eignet sich eher, konkrete Songs und nicht einfach typische Musik von einem bestimmten Ort abspielen zu lassen. Je tiefgründiger der Bezug zum Thema, desto stärker der affektive Bezug.

Diese Erkenntnisse sind für ein zukünftiges Anwenden der Methode wertvoll. Im Unterkapitel 4.1 wurden Faktoren aufgelistet, welche als negativ wirkend beobachtet wurden. Mit den hier aufgelisteten Erkenntnissen für eine zukünftige Anwendung der Methode kann die negative Wirkung solcher Faktoren vermieden oder zumindest abgeschwächt werden. Besonders in der Kommunikation und Mitwirkung erhoffe ich mir einen starken Effekt für den Erfolg der Methode.

Die Lernenden sollen und dürfen wissen, was damit beabsichtigt wird, nicht zuletzt, weil der Erfolg der Methode auch zu einem Teil zufallsgesteuert ist und von der Art der Klasse und gruppendynamischen Effekten abhängt. Noch stärker mitwirken können die Lernenden, wenn sie wie teils auf den Fragebogen vermerkt, selbst auch Musikvorschläge machen können.

Abschliessend kann zur Methode zusammenfassend gesagt werden, dass sie für die anfangs gesetzten Ziele definitiv als erfolgreich eingestuft werden kann, sowohl aus meiner als auch aus Sicht der Lernenden der beiden Klassen. Die erste gemachte Erfahrung im Halbjahr Oktober 2014 bis April 2015 hat Stärken und Schwächen aufgezeigt, welche für zukünftige Anwendungen wertvoll sind und bei einer zukünftigen Anwendung die Methode erfolgsversprechender machen können.

6   Quellen

GRELL, M. & J. (1991): Unterrichtsrezepte. Weinheim: Beltz. S. 104-116.

PHILIPOV, E. (1986): Die Suggestopädie als ein neuer Lernansatz und Modell ganzheitlichen Lernens. In: BOCHOW, P; WAGNER, H. (Hrsg.)(1986): Suggestopädie (Superlearning) Grundlagen/Anwendungsberichte. Speyer: GABAL Verlag.

KLICPERA, R. (2005): Rhythmik. Ein fächerübergreifendes Prinzip. Wien: Lernen mit Pfiff.

KNAPPE, S. (2004): Das Unbewusste und der Klang. Psychoanalyse und experimentelle Geräuschmusik.
(URL: http://www.dronerecords.de/download/Das%20Unbewusste%20und%20der%20Klang.pdf; Stand 26.01.2015)

KOELSCH, S. (2015): Wie Musik Gefühle hervorruft. In: Webseite der Techniker Krankenkasse.
(URL: http://www.tk.de/tk/musik-und-gesundheit/lesereihe-musik/stefan-koelsch/457332; Stand 08.04.2015)

MATEJKA, J. (2010): Sprachen bewegen. Suggestopädie und Bewegung als didaktische Prinzipien im Fremdsprachenunterricht. Diplomarbeit an der Universität Wien.

MEYER, H. (2010): Unterrichtsmethoden II: Praxisband. 13. Auflage. Berlin: Cornelsen.

MILDENBERGER, F. (2011): Fördern erleichtern mit Ritualen. Pädagogik Newsletter.
(URL: https://www.mildenberger-verlag.de/page.php?modul=GoShopping&op=show_rubrik&cid=477; Stand 10.04.2015)

SCHMIDT-ATZERT, L. (1982): Emotionspsychologie und Musik. In: BEHNE, K.E. (Hrsg.)(1982): Gefühl als Erlebnis – Ausdruck als Sinn. Band 3. Regensburg: Laaber Verlag.

SCHNEIDER, G. (2008): Gelungene Einstiege. Voraussetzungen für erfolgreiche Geschichtsstunden. Schwalbach: Wochenschau Verlag.

Aktionsforschung – Musik am Anfang der Geografielektion

Name: _______________________________________

Kreuze das für Dich zutreffende an:

	₁trifft gar nicht zu	₂trifft nicht zu	₃trifft etwas zu	₄trifft zu	₅trifft sehr zu	₆keine Angabe
Im Allgemeinen gefiel mir das Projekt	☐	☐	☐	☐	☐	☐
Die Musik ebnete den Weg zum Thema der Lektion	☐	☐	☐	☐	☐	☐
Die Themen erschienen mir mit musikalischer Einführung spannender	☐	☐	☐	☐	☐	☐
Die Themen erschienen mir mit musikalischer Einführung greifbarer / einfacher zum vorstellen	☐	☐	☐	☐	☐	☐
Die Musik machte das Ankommen im Schulzimmer angenehmer	☐	☐	☐	☐	☐	☐
Die Musik löste am Anfang der Lektion positive Gefühle zur kommenden Geolektion aus	☐	☐	☐	☐	☐	☐
Die Musik lockerte die Stimmung	☐	☐	☐	☐	☐	☐
Die Musik machte den Übergang von Pause zu Lektion weniger abrupt im Vergleich zur Schulglocke	☐	☐	☐	☐	☐	☐
Ich sah jeweils den Zusammenhang zwischen der Musik und dem Thema der Geolektion	☐	☐	☐	☐	☐	☐
Ich habe mich auf dem Weg zur Geolektion schon gefragt, was heute wohl für ein Lied laufen wird	☐	☐	☐	☐	☐	☐

Welche/s Lied/er ist/sind Dir im Zusammenhang zu einem Geografiethema am meisten geblieben?

Notiere das Lied und/oder das Geothema

Lied / Musik	Geothema

Könntest Du Dir denken, wieso gerade diese/s Lied/er und Themen dir geblieben sind?

Findest Du es sinnvoll, dieses Projekt weiter zu führen? (Ja/Nein, Warum?)

Hast du Verbesserungsvorschläge und/oder andere Ideen, wie man das Projekt durchführen könnte?